U0155444

哈哈哈！有趣的动物（第一辑）

蛇

〔法〕蒂埃里·德迪厄 著

大南南 译

湖南教育出版社

·长沙·

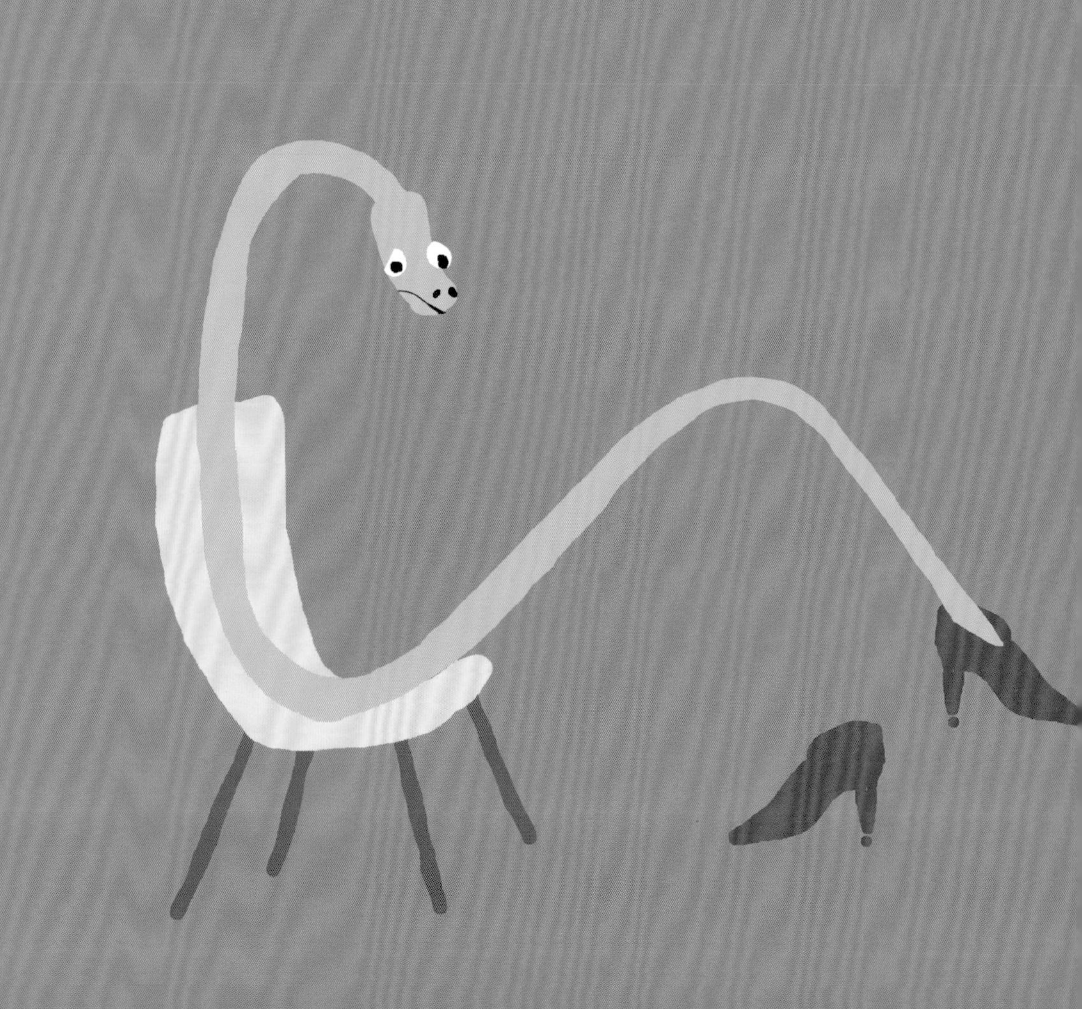

蛇没有胳膊和腿，也没有脚。

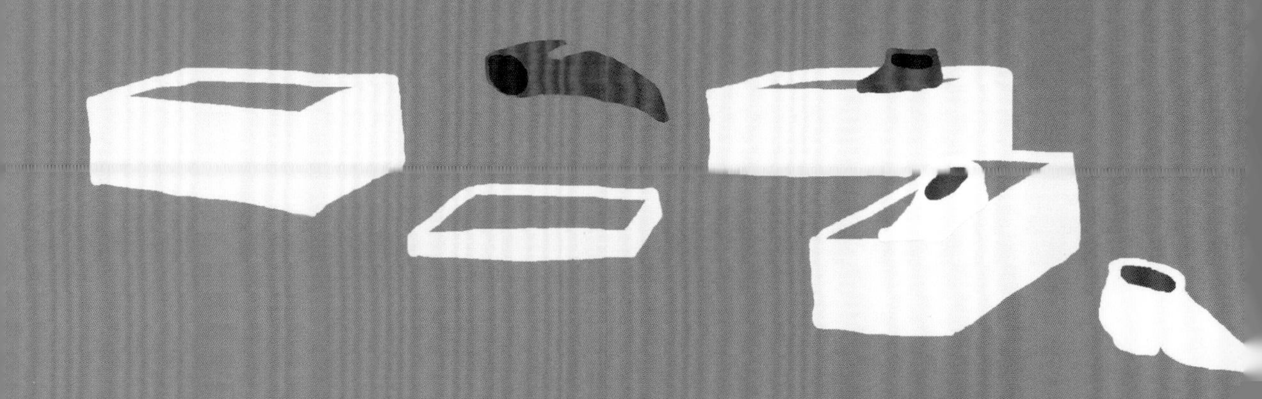

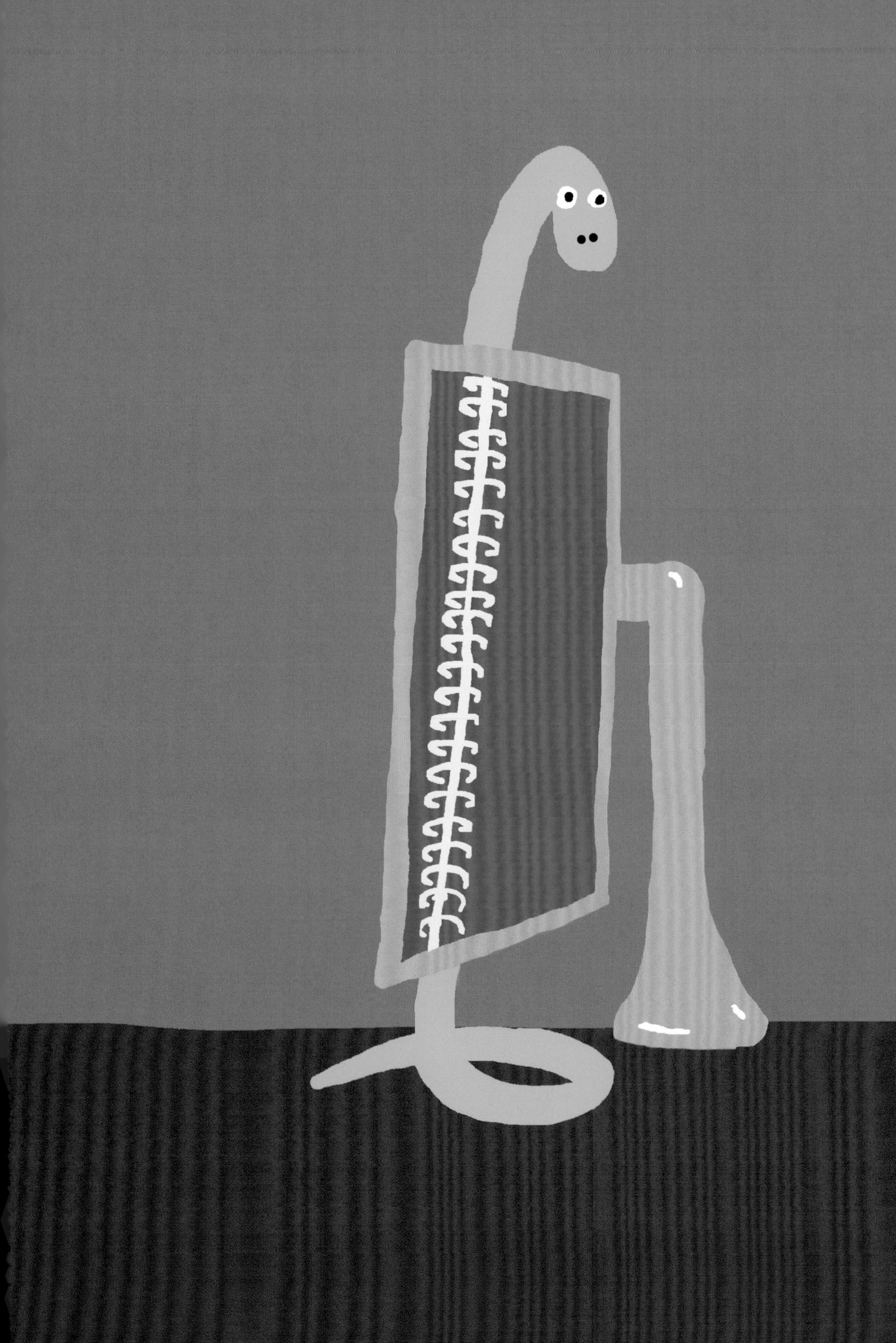

蛇是脊椎动物，有骨骼。

蛇用舌头闻气味。

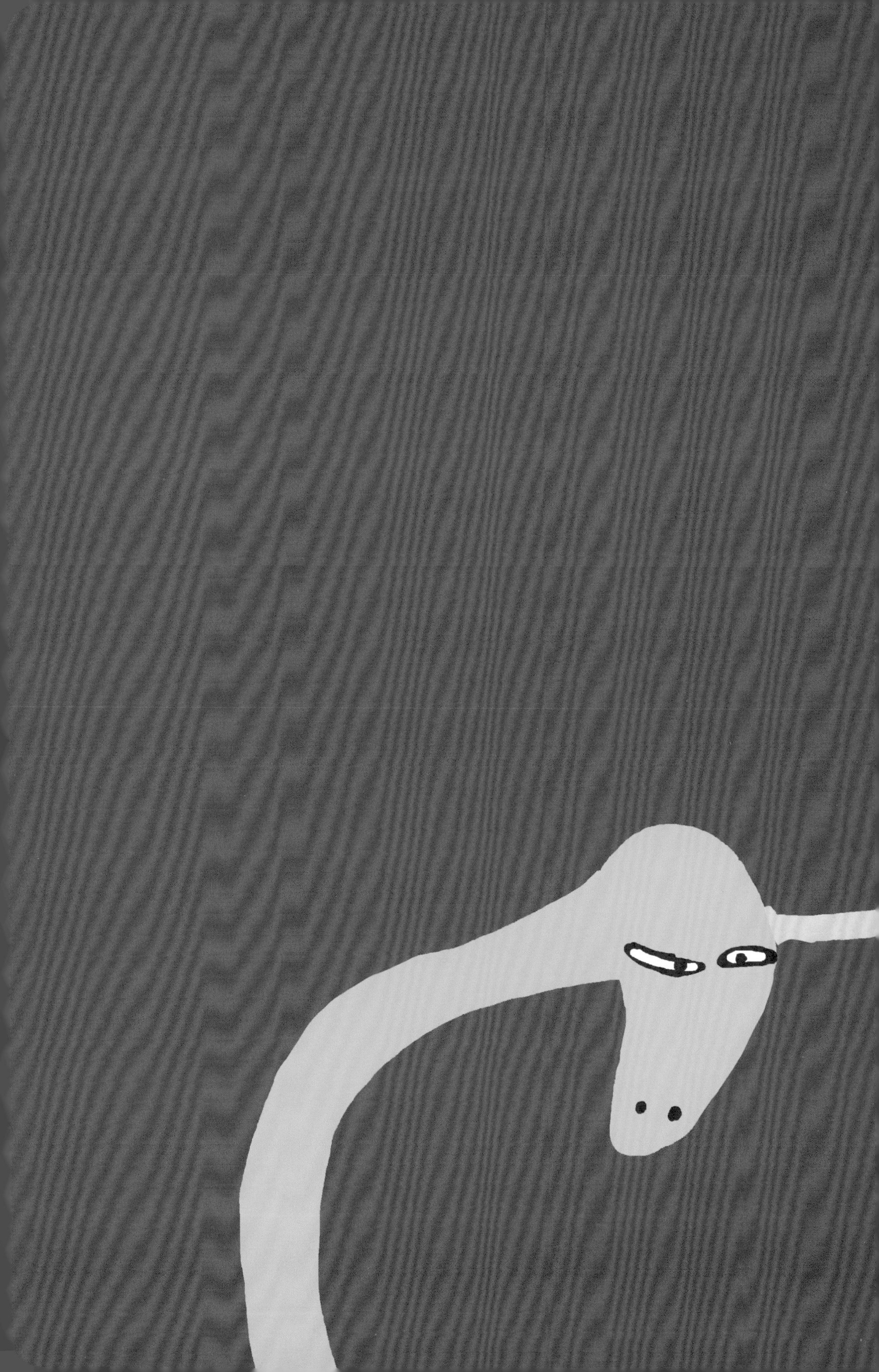

蛇听不见声音（没有耳朵），
只能感受外界的震动。

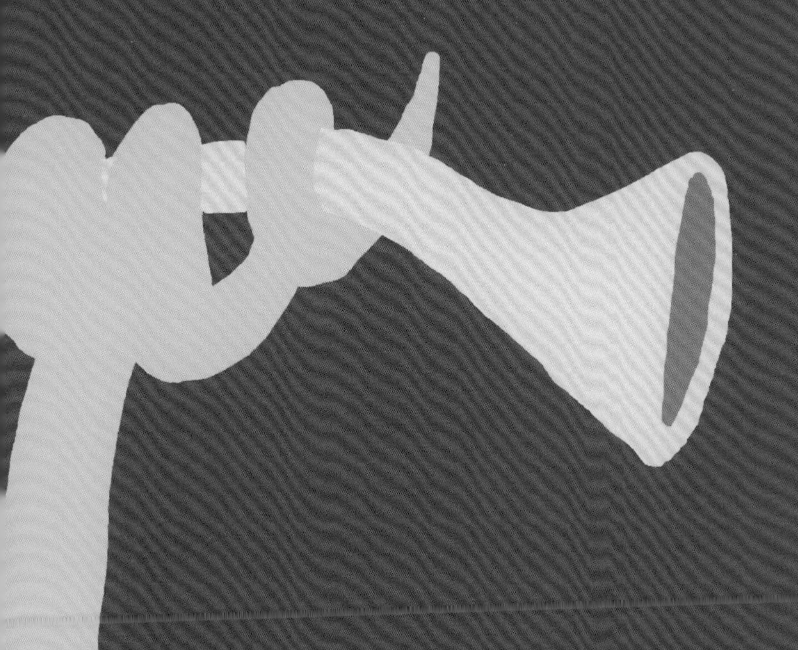

毒蛇的牙齿里有毒。

蛇用毒液来杀死猎物，

或通过缠绕让猎物不能呼吸。

由于蛇有两个彼此独立的下颌，
所以可以吞下比自己大得多的猎物。

大多数蛇会下蛋。

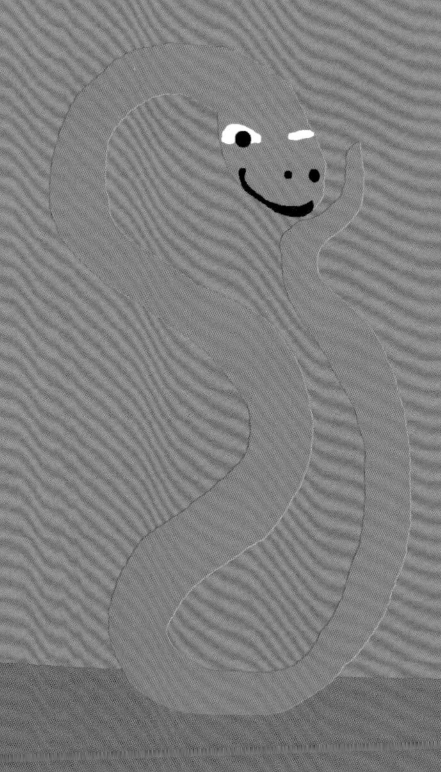

10 米

最长的蛇（蟒蛇）长达10多米。

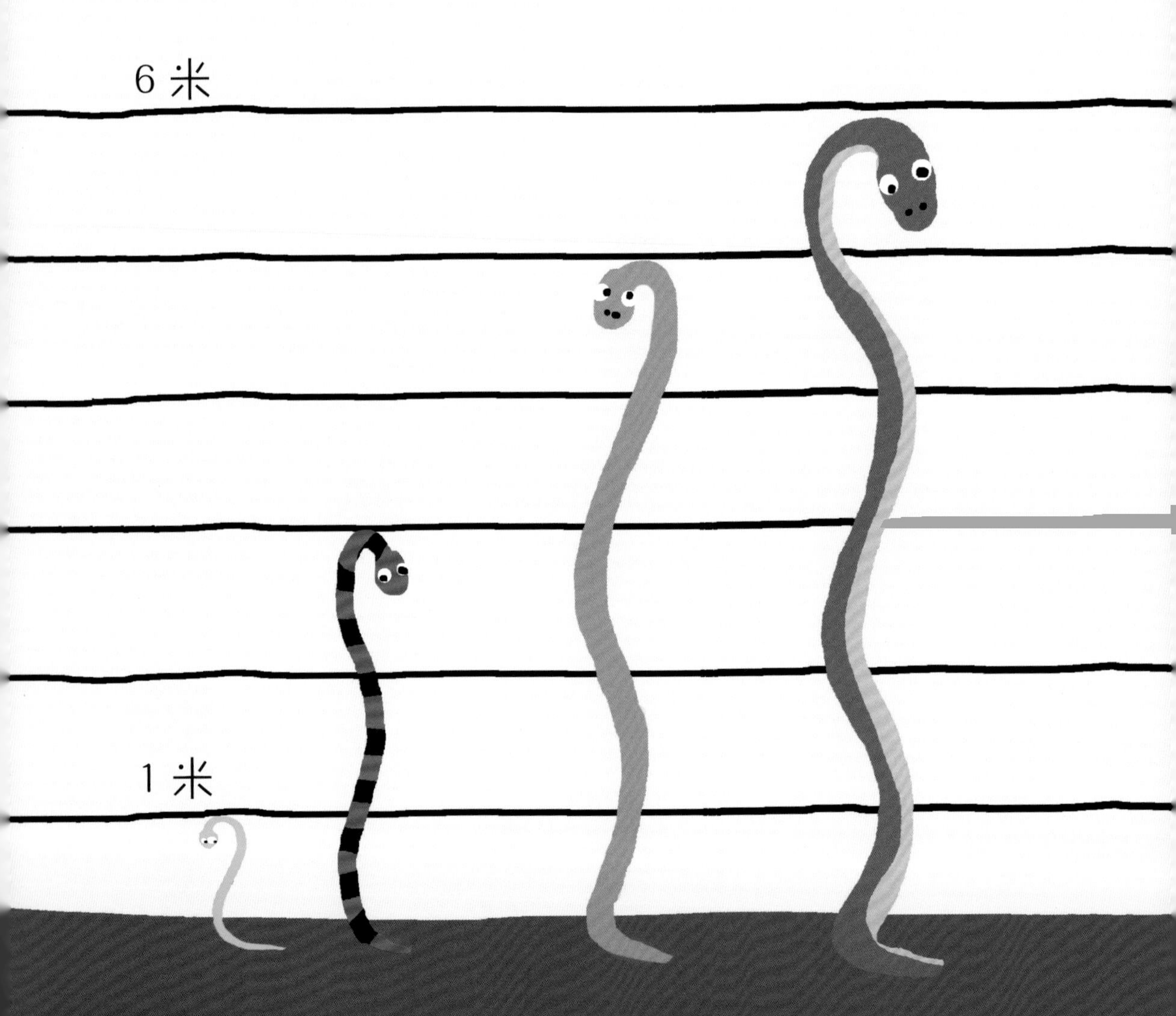

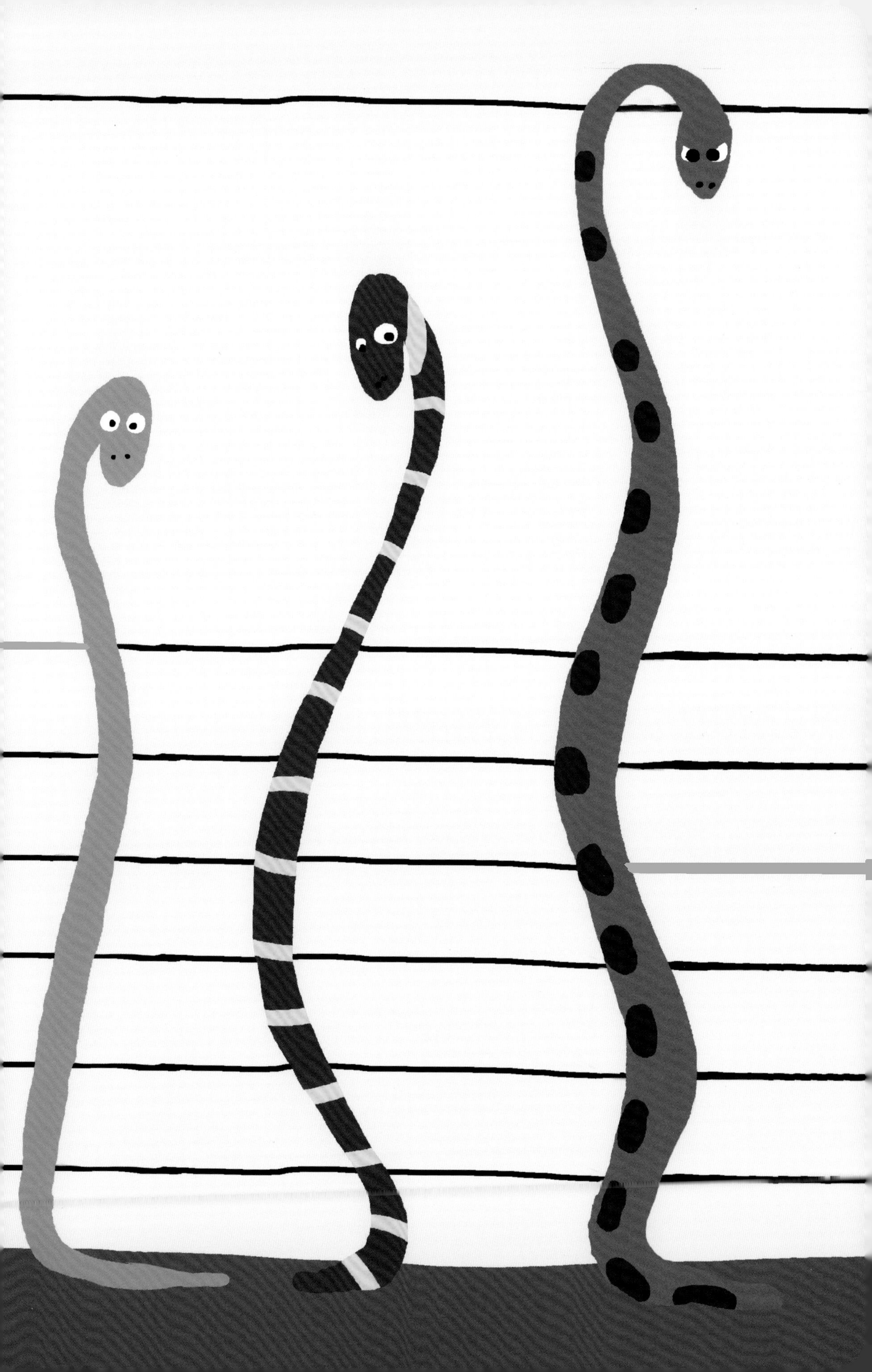

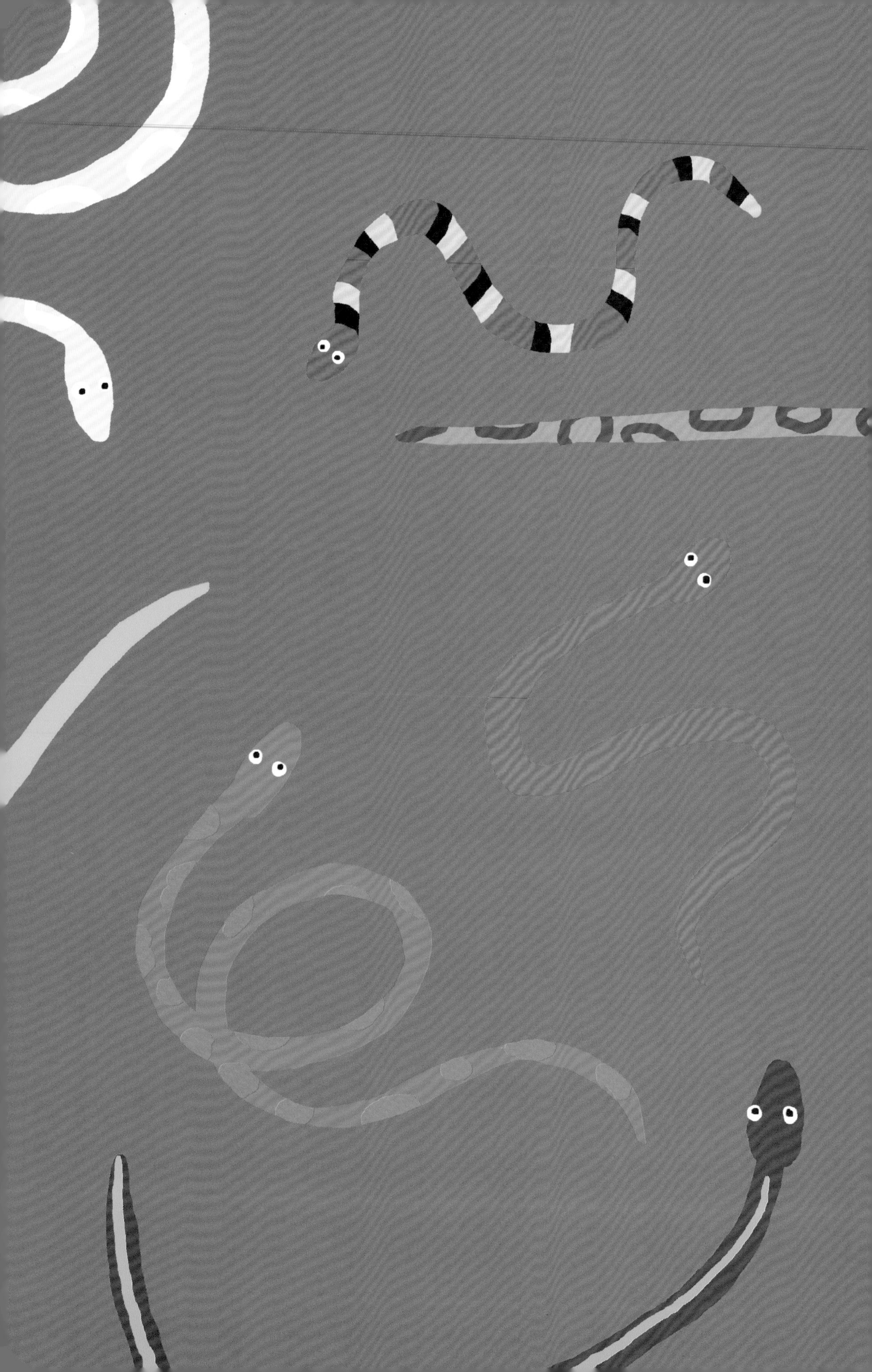

五颜六色的蛇。

妈妈！

如何带着一岁的孩子读
《哈哈哈！有趣的动物》

一岁的孩子就能读科普书？

没错，因为这是永田达爷爷特别为低龄小朋友准备的启蒙科普书。家长们会发现，这本书的文字量很少，画面传递的信息非常精简，但是非常有趣，特别适合爸爸妈妈跟孩子进行亲子阅读。

赶紧和孩子一起打开这本《蛇》，跟着永田达爷爷一起来观察各式各样的蛇吧！

请孩子说一说蛇的外形特点，告诉孩子蛇属于脊椎动物，我们人类也是脊椎动物，妈妈可以带着孩子一起去摸一摸爸爸背上的脊椎。蛇的舌头是非常重要的器官，让孩子猜一猜蛇用舌头来做什么。蛇没有耳朵，那么它是怎么感受声音的呢？蛇对付敌人有两个办法，是哪两个呢？经典儿童文学作品《小王子》中，小王子画了一幅画：一条大蟒蛇的肚中吞下了一头大象，问一问孩子，这幅画的场景真实生活中是否存在？有的蟒蛇长达 10 多米，合上书，和孩子去散散步，用脚步量一量 10 米大概有多长吧！

图书在版编目（CIP）数据

哈哈哈！有趣的动物. 第一辑. 蛇 / (法) 蒂埃里 · 德迪厄著；大南南译. —长沙：湖南教育出版社，2022.11
ISBN 978-7-5539-9284-6

Ⅰ. ①哈… Ⅱ. ①蒂… ②大… Ⅲ. ①蛇－儿童读物 Ⅳ. ①Q95-49

中国版本图书馆CIP数据核字（2022）第190755号

HAHAHA! YOUQU DE DONGWU DI-YI JI SHE
哈哈哈！有趣的动物 第一辑 蛇

责任编辑：姚晶晶 陈慧娜 李静茹
责任校对：王怀玉
封面设计：熊 婷
出版发行：湖南教育出版社（长沙市韶山北路443号）
电子邮箱：hnjycbs@sina.com
客服电话：0731-85486979
经 销：湖南省新华书店
印 刷：长沙新湘诚印刷有限公司
开 本：787 mm × 1092 mm 1/16
印 张：1.75
字 数：10千字
版 次：2022年11月第1版
印 次：2022年11月第1次印刷
书 号：ISBN978-7-5539-9284-6
定 价：152.00 元（全8册）